领读者书系

化学基础论

（少年轻读版）

赵东元◎著

猫先生漫画工作室◎绘

北京科学技术出版社

100 层童书馆

图书在版编目（CIP）数据

化学基础论：少年轻读版 / 赵东元著；猫先生漫画工作室绘. -- 北京：北京科学技术出版社，2025.（领读者书系）. -- ISBN 978-7-5714-4568-3

Ⅰ. O6-49

中国国家版本馆CIP数据核字第2025XH3639号

策划编辑：	刘婧文　张文军
责任编辑：	刘婧文
营销编辑：	何雅诗
图文制作：	天露霖文化
责任印制：	李　茗
出 版 人：	曾庆宇
出版发行：	北京科学技术出版社
社　　址：	北京西直门南大街16号
邮政编码：	100035
电　　话：	0086-10-66135495（总编室）
	0086-10-66113227（发行部）
网　　址：	www.bkydw.cn
印　　刷：	雅迪云印（天津）科技有限公司
开　　本：	889 mm × 1194 mm　1/32
字　　数：	38千字
印　　张：	3
版　　次：	2025年6月第1版
印　　次：	2025年6月第1次印刷

ISBN 978-7-5714-4568-3

定　　价： 28.00元

北科读者俱乐部

目　录

我们在一切情况下都应当让我们的推理受到实验的检验，而除了通过实验和观察的自然之路之外，探寻真理别无他途。

——安托万-洛朗·拉瓦锡

（摘自《化学基础论》）

一场化学革命

　　小朋友们，我们都知道，科学革命是非常了不起的事情。如果说在天文学领域掀起革命的人是哥白尼，物理学领域的是牛顿，生物学领域的是达尔文，那化学领域的就是拉瓦锡。

　　拉瓦锡在30岁那年曾在实验记录本上写下自己的雄心壮志：

要为化学领域带来一场革命！

　　这并非年轻人的狂言，因为后来他确确实实做到了！而且很特别的是，当拉瓦锡还在世的时候，无论是支持他的人还是反对他的人，都认为他所做的工作引发了一场化学革命。

正在发生
科学革命?

这在历史上非常罕见，因为很多科学革命，比如哥白尼革命，都是后人回顾科学发展史的时候追认的。当时做出革命性贡献的那些人，比如哥白尼、牛顿等人，他们自身往往并没有清楚地意识到革命正在发生。

拉瓦锡却不同，他清楚地意识到他的学说引发的是一场科学革命。

科学革命

我在掀起科学革命。

拉瓦锡到底做了什么样的贡献，使化学领域发生了一场革命？

我们可以从他的著作《化学基础论》中找到答案，因为该书正是拉瓦锡成就的总结性作品。

它的全名是《化学基础论：以一种新的系统秩序容纳了一切现代发现》，**这里提到的"新的系统秩序"正是拉瓦锡引导的化学革命的最大成就。**

在讨论拉瓦锡引导的化学革命之前，我们先来看看拉瓦锡之前的化学是什么样的。

什么是化学？

一门关于物质起源的学问

化学的英文单词是 chemistry，词根是 chemi。关于这个词，一种说法是来源于古埃及语言中的"黑土地"（chemi）。在埃及神话中，黑土地与创世神和死亡的概念紧密相连，象征着生命和再生。

另一种说法是，"chemi"来源于阿拉伯语"al-kimiya"，意思是炼金术。

中世纪的炼金术士相信可以从自然界中找到一种"原始物质"，并通过一些神奇的方法将它变成黄金或白银。

这与汉语成语"点石成金"不谋而合，意思就是石头在某些情况下可以变成金子。

石头 金子

虽然我们现在知道这是不可能的，但是当时的炼金术士非常认真地研究相关方法。德国化学家李比希曾说："炼金术实质上就是化学。"

无论是黑土地，还是炼金术，都表明在古人的眼中，**化学是一种很神秘的存在**。

那**中文里的**"**化学**"一词又是怎么来的呢？

有一种说法是，"化学"这个概念是在19世纪70年代传入中国的。"化学"一词最早出现在一本叫《格物探原》的书里，这本书是英国来华传教士韦廉臣在1876年前后编撰的。

"**化**"**代表变化和转化**，"**学**"**则表示学问和学说**。韦廉臣觉得这两个字很好地表达了化学的含义——研究物质变化的学问。

化（变化）
学（学问）

甲骨文

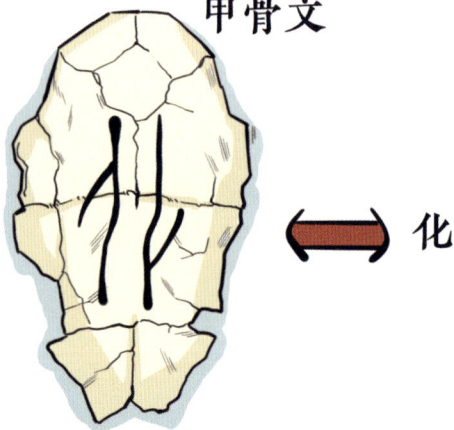

⟺ 化

　　在甲骨文中，"化"这个字像两个相互背对着的人，一左一右、一正一反；又像太极图一样，一阴一阳，蕴藏着无穷的变化。"化"，既包含了对立统一的思想，例如氧化还原、化合分解等，也包含了平衡和守恒思想，例如电离平衡、水解平衡……

　　杜甫的诗句"造化钟神秀，阴阳割昏晓"，也体现了对立统一和变化的思想。古人将"造化"二字作为大自然的别称是多么文艺和浪漫啊！

大自然创造了万物，正是这些事物的变化才形成我们所在的大千世界。

　　可以说，**化学是关于物质起源的朴素自然哲学**。

　　虽然中国近代的很多科学词汇都来自日语，例如"科学""哲学""社会"等，但18世纪中期以前，日本采用的是音译德语中的化学一词"Chemie"，将其翻译为"舍密"。

　　"化学"这一出神入化的翻译确实是在中国本土诞生的，它打败了"舍密"这种译法，在汉语和日语中一直沿用至今。

化学的开端

在哥白尼所处的时代（16 世纪），有一位名叫帕拉塞尔苏斯的瑞士医学家，当时他的名气比哥白尼的还要大。

帕拉塞尔苏斯说："上帝就是化学家，创世就是一个化学过程，研究化学就是再现一个创世过程。"他非常重视化学，认为化学的重要性超过了数学。

但是，在 17 世纪之前，炼金术（化学的前身）还不能算是一门真正的科学。它只是一门以获取财富为目的的技术，是幻想和贪婪的化身。

当时，巴黎经常有一些关于化学的魔术表演，表演者利用一些瓶瓶罐罐故弄玄虚。那个时候，"化学"这个词总是伴随着欺骗，伴随着神秘学。

化学好难!

　　大家都知道牛顿对物理学的发展做出了巨大的贡献，但其实他还是造币厂的厂长，并且花费了很多时间研究炼金术。

　　然而，他在化学方面的成就并不突出，由此可见，在那个时代探索化学的困难有多大。

后来，帕拉塞尔苏斯建立了医药化学。他认为人类本身就是一个化学系统，而化学真正的用途不在于炼金，而在于制药。

那时的化学也还不能称为"科学"，直到波义耳的出现。

英国科学家波义耳在 1661 年出版了著作《怀疑的化学家》。在该书里，他提出了一个很重要的概念——元素。

从古希腊时期起，人们就一直在努力探索物质的组成。

亚里士多德将前人提出的"四元素说"发展为理论体系，认为世间万物是由火、土、水、气这四种元素组成的，而这四种元素可以相互转化。

古代中国人则提出了"五行说"，认为宇宙万物都是金、木、水、火、土五种基本要素的运行和循环生克变化的产物。

21

波义耳所提出的元素和"四元素说"中的元素不一样，他认为只有那些不能用化学方法再分解的简单物质才是元素，**所有的物质都是由一些基本的元素组成的**。

在他的想法里，物质组成就像搭积木一样，不同的元素就像不同的积木块，组合在一起形成各种各样的物质。他提出的元素概念已经同现在的元素概念很接近了。

除此以外，波义耳还提出了酸碱性的概念，并发明了检验酸碱性的石蕊试纸。他还特别强调了实验的重要性，提出实验方法和对自然界的观察是科学思维的基础。

总之，波义耳提出化学是自然科学中的一个独立部分。因此，我们现在认为化学这门学科是 1661 年建立的，这也是**第一次化学革命**。

波义耳提出这一理论之后，人们就开始重视化学科学了。

　　1669 年，德国化学家贝歇尔开始系统研究燃烧现象。他认为燃烧是一种分解反应，就好像把一个东西分成更小的部分一样。

　　之后，贝歇尔的学生施塔尔继承了他的理论，并提出了"燃素说"。

施塔尔认为，**物质在空气中燃烧是物质失去燃素**，同时空气得到燃素的过程。

物质含有的燃素越少，空气中的燃素越多，物质就越不容易燃烧。

"燃素说"可以解释当时发现的一些化学现象，所以得到了很多科学家的支持，在其后一段时间里，该学说被广泛用于解释燃烧现象。

"现代化学之父" 的人生

从法学走向化学

安托万－洛朗·拉瓦锡出生的时代正是第一次化学革命后"燃素说"盛行的时代。

拉瓦锡于 1743 年出生在法国巴黎，他的家境非常优渥，父亲是一名知名的律师，而母亲在他 5 岁的时候就去世了。

拉瓦锡 11 岁就进入了法国著名的马扎林学院学习。这所学校有很多大人物，比如著名的数学家达朗贝尔和画家雅克－路易·大卫等。

　　虽然他的父亲希望他能继承自己的事业，成为一名律师，但拉瓦锡在大学期间遇到了两个影响他的人，从而改变了他的职业道路。

其中一个是名叫盖塔尔的矿物学家。盖塔尔是拉瓦锡的老师和朋友，他发现拉瓦锡更喜欢科学而不是法学。于是，盖塔尔引导拉瓦锡学习地质学和矿物学，后来又介绍他去听鲁埃尔教授的化学课。

另一个就是这位鲁埃尔教授，他的化学课非常吸引人，让拉瓦锡**对化学产生了浓厚的兴趣**。

　　1764—1767 年，拉瓦锡作为盖塔尔的助手，广泛地考察了矿物生长的过程。

　　这个时候拉瓦锡已经**对化学有了一些成熟的想法**，他在第一篇比较知名的论文里论述的就是生石膏与熟石膏之间的转变，尤其是它们在溶液当中的变化。

　　在四年的地质考察中，他们用到了很多精密的、科学的测量方法，这也对拉瓦锡的科学研究生涯有着非常大的影响。

盖塔尔经常赞扬拉瓦锡，说他**既有聪明的头脑，又具备优秀的品质**。

　　法国科学院因此决定交给拉瓦锡一个重要的考察任务，那就是检测巴黎的水质问题。拉瓦锡做了很多关于水的实验，证明了水是可分解的，是自然界中普遍存在的一种溶剂。

通过这次考察，拉瓦锡知道了实验的重要性。

升职 加薪

到了 1768 年，25 岁的拉瓦锡已经完成了一系列论文，成功地当选法国科学院的院士。之后，他又当上政府的包税官，负责征收食盐和烟草的税款。

实验出真知

在那个时代，人们普遍相信"四元素说"，认为水在长时间加热后会变成土类物质。为了验证这个观点，拉瓦锡在1770年做了一项实验：他将蒸馏水密封在一个容器中，然后加热了长达101天。

实验结束后他发现，虽然容器中出现了一些固体物质，但这些固体物质的质量与容器减少的质量是完全相等的。这个结果让拉瓦锡深感困惑，因为这意味着水在加热后并没有生成新的物质。

这个实验结果让拉瓦锡开始对"四元素说"产生怀疑。他意识到，**水不能转化为土类物质，而是一种独立的"元素"**。这个发现为他日后的科学研究奠定了基础，并促使他去探索化学元素的本质和它们之间的关系。

1772 年，拉瓦锡开始质疑"燃素说"。为了验证自己的猜想，他开展了一系列实验，特别是关于磷和硫的燃烧实验。这些实验让他意识到空气在燃烧过程中起到了关键作用。

　　到了 1774 年，"气体化学之父"普里斯特利访问巴黎，在一次饭局上，他向拉瓦锡介绍了自己的实验：加热氧化汞（当时称为"汞灰"）可以产生一种特殊的气体。

这种气体能够使蜡烛燃烧得更旺，并且有助于呼吸。普里斯特利认为这是一种不含燃素的气体，并称之为"脱燃素空气"。

　　拉瓦锡重复了普里斯特利的实验，并进行了更深入的研究。他发现金属在这种气体中煅烧后重量增加了，这与"燃素说"的理论完全相反。

氧气

于是，拉瓦锡将这种气体命名为"氧气"，并提出**燃烧是氧气与可燃物发生氧化反应的过程**。他还将燃烧后剩余的气体命名为"氮气"。

氧化理论就这样建立起来，这个发现彻底改变了人们对燃烧现象和气体性质的认识，为化学的发展奠定了坚实基础。

在同一时期，拉瓦锡通过一系列精确的实验和严密的推理，验证了质量守恒定律，并将这一定律推向了科学界的主流视野，这对化学和物理学的发展产生了深远的影响。

他认为，在任何与周围隔绝的物质系统（孤立系统）中，不论发生何种变化或过程，系统的总质量保持不变。

质量守恒定律的建立是可与牛顿力学的建立相媲美的创举，具有划时代的意义。

1777年，拉瓦锡基于金属煅烧实验完成了一篇报告——《燃烧概论》，阐明了燃烧作用的氧化学说，并提出了**氧化学说**的四个核心要点：

1. **燃烧会释放光和热。**

2. **只有氧存在时，物质才会燃烧。**

3. 空气由两种成分组成，物质在空气中燃烧时吸收了空气中的氧，因此重量增加，物质所增加的重量恰恰是它吸收的氧的重量。

4. 一般的可燃物（非金属）燃烧后通常会变成酸，氧是酸的本原，所有酸中都含有氧。金属煅烧后变为锻灰，它们是金属的氧化物。

这可以说是一场真正的"氧化革命"。

拉瓦锡的社会职务工作越来越繁忙，但是他对化学的理解也越来越深刻。为了让使用不同语言的化学家之间交流更便捷，他认为有必要为每种化学元素制定一个统一且明确的名称。

在 1787 年出版的《化学命名法》中，他**正式提出了一套完整的化学命名系统**。这个系统旨在确保每种元素都有其独特的名称，从而避免混淆和误解。

不仅如此，他还特别关注元素的分类和排列。在《化学命名法》中，他将33种物质按照一定的顺序制成一张竖排的化学元素表。值得注意的是，他将热素和光也列为元素，这显示了他对能量和光的独特理解，为后来能量学和光学领域的发展奠定了基础。

光　　热素

　　1789 年，《化学基础论》在巴黎出版了。拉瓦锡的这部著作被视为**第一部真正意义上的化学教科书**。在该书中，拉瓦锡将自己的重要化学发现汇总，并成功地将这些发现与他提出的氧化理论相结合，为化学研究构建了一个全新的框架。

在拉瓦锡之前，许多科学家已经在化学领域进行了大量探索和研究。尽管如此，**化学世界**仍然充满挑战，它没有数学那么"精确"，也没有物理那么"直观"，并且**很多时候看不见也摸不着，难以通过实验来观察和研究**。

例如，空气是化学研究的重要对象，它是透明的，但其实它的组成和性质非常复杂，人们花了约 300 年才真正搞清楚空气的全部组成部分。一代代的化学研究者都是在黑暗中摸索，这相当艰难。

氧化学说

质量守恒定律

化学

    尽管拉瓦锡并没有发现任何一种元素，但他在前人工作的基础上，提出了氧化学说，验证了质量守恒定律，进一步发展了化学理论，把化学研究推到一个全新的水平，他的每一步都是伟大的一步。

    因此，拉瓦锡的贡献不仅在于他自己的发现，更在于他建立和发展了化学研究体系。

他将先前的研究成果整合到氧化理论框架中的工作，为化学的后续发展奠定了坚实的基础，使得后来的化学家能够在此基础上更深入地研究和探索。

他的工作标志着继波义耳建立化学学科后**第二次化学革命**的发生，为化学领域带来了全面的变革和发展。

化学革命的接力棒交给你。

拉瓦锡之死

在法国大革命期间，拉瓦锡的命运发生了重大转折。

由于他所在的包税组织受到指控，他和其他 27 名成员被视为革命的敌人，并在 1793 年 11 月 28 日被捕入狱。不久之后，拉瓦锡和他的同事被判处死刑。

这种结果的出现与让－保尔·马拉的推波助澜分不开。马拉是法国大革命激进派的代表人物。他之前写过一篇关于燃烧的文章，拉瓦锡认为他的理论都是错的，没有同意让他发表。马拉怀恨在心，因此诋毁拉瓦锡，煽动民众对他的仇恨。

不过，马拉在 1793 年 7 月就被吉伦特派刺杀，死在了拉瓦锡被捕之前。法国著名画家大卫还根据该事件创作了一幅不朽的名画——《马拉之死》。

　　导致拉瓦锡之死的，还有一个叫佛克罗伊的人。他也是法国科学院的院士，是拉瓦锡的同事。佛克罗伊两面三刀，在拉瓦锡被捕入狱后，他极力宣称拉瓦锡有罪，给拉瓦锡扣上各种各样的罪名；等到拉瓦锡去世一年后被平反的时候，他又为其歌功颂德。当时很多法国人说，像这样品质恶劣的人，除了佛克罗伊，没有第二个了。

拉瓦锡被捕的消息一度震惊了整个学术界，许多学者纷纷向法国国会请求释放拉瓦锡。据说，尽管外界的压力很大，但审判长回应道："共和国不需要学者！"这一冷酷的回应显示了当时政治环境的严酷。

许多人对这一结果感到痛心和失望，著名的法国数学家、物理学家拉格朗日更是悲痛地表示："砍掉他（拉瓦锡）的脑袋只需一瞬间，但要再长出一颗这样的脑袋也许100年都不够！"

共和国不需要学者！

据说，拉瓦锡直到临死时都还在思考科学问题。听闻自己将被砍头之后，他不禁思考：**人的头颅和身体分开之后，意识还能存在多久呢？**

　　于是他和刽子手约定，他会在被砍头之后一直努力眨眼睛，直到失去意识。传闻拉瓦锡遭砍头后眨了 11 次眼睛。

当然，这是一个十分疯狂的实验，而且因时间太过久远，我们也无法考证它的真实性，但是这个传闻的广泛流传表明，拉瓦锡在人们心目中是一位具有强烈的实验精神的科学家。

　　因此，我们常常会感叹，**拉瓦锡这个名字注定和科学革命捆绑在一起**，30 岁的他预料到自己的研究会引发一场科学革命，但他一定没有预料到 50 岁的自己会在另一场革命中失去生命。

　　虽然拉瓦锡去世了，但《化学基础论》在化学领域掀起的革命不会结束。这部对现代化学起到了奠基作用的伟大著作究竟讲了什么呢？

划时代的《化学基础论》

《化学基础论》的主要内容

　　《化学基础论》的出版是化学史上划时代的事件。人们将它与牛顿的《自然哲学之数学原理》、达尔文的《物种起源》一起列为自然科学界的"三大名著"。

自然科学界的"三大名著"

在该书中，拉瓦锡系统地总结了自己提出的重要学说，也是他投身化学科学后的重要研究成果，包括以下几方面：

1. 详述了推翻"燃素说"的实验依据，系统地**阐明了氧化学说**的科学理论。

2. 重新解释了各种化学现象，**明确了化学的研究目标**，认为化学研究应当"以自然界的各种物体为实验对象，旨在分解它们，以便对构成这些物体的各种物质进行单独的检验"。

水的分解实验

3.发展了波义耳的元素概念，并依此制作了包括 33 种"元素"在内的化学史上**第一张真正的化学元素表**，还依照新的化学命名法对化学物质做了**系统命名和分类**。

4.以充分的实验根据明确阐述了**质量守恒定律**，提出了化学方程式的雏形，使化学走向定量化，为化学的进一步发展奠定了坚实的基础。

我们可以看出，《化学基础论》实际上提出的是化学研究的基本方法论，帮助人们摒除错误的、不科学的观念，建立正确的、科学的观念——对化学的发展来说，它真的如"基石"一般起到了"基础"的作用！

《化学基础论》各章节

《化学基础论》全书分为三个部分。

第一部分共 17 章，主要探讨气态流体的形成与分解、简单物体的燃烧以及酸的形成等。这一部分的中心思想是拉瓦锡对化学秩序的新安排，旨在纠正以往的错误，以充分的实验为依据，使化学秩序与自然秩序相一致。

拉瓦锡说：

"我关于我自己以为较满意地符合证据和思想而安排的次序所作的评论，只适合于这部著作的第一部分。这是包含我已采纳的学说的一般要求的唯一部分，我希望它能给出一个完整的基础。"*

---

* 摘自《化学基础论》，任定成译，北京大学出版社，2008 年 8 月出版。

在《化学基础论》的第一部分，拉瓦锡提出了热素，即我们通常所说的热量；提出热素和光都是物质的组成"元素"。

这些观点虽然被现代化学摒弃了，但也为之后化学与能量的研究打下了基础。

光

他还认为空气是一种蒸气状态的、自然存在的流体，或者是流体的复合物，可以被分解为适合呼吸和不适合呼吸的两种成分。适合呼吸的成分被命名为"氧气"，也被称作纯粹空气或生命空气，而不适合呼吸或有害的部分被命名为"氮气"。

拉瓦锡利用硫、磷、炭等物质进行了实验，探索了氧气的性质。他提出氧气与可燃物质燃烧后化合生成酸，并给这些生成的酸命名。他还用氧化度来定义不同的酸。

第二部分主要探讨了**酸与成盐基的化合以及中性盐的形成**。这一部分共包含44节，重点是给中性盐命名和分类。

酸　　成盐基

我是怎么形成的……

中性盐

在这一部分中，拉瓦锡对那些作为酸和氧化物组成部分的简单物质，以及这些物质可能组成的各种化合物都做了详细研究并为它们命名。

他特别强调了化合物的组成中不同物质的比例可能存在差异，并且认为这种差异可以导致化合物处于不同的状态。

　　为了更准确地描述这些不同的状态，拉瓦锡**提出了新的命名方法**。

亚硝酸

硝酸

氧化硝酸

此外，拉瓦锡还深入探讨了酸与成盐基的化合过程，认为酸和成盐基可以通过化学反应合成中性盐。他通过实验验证了这一过程的反应原理，并进一步研究了各种酸和成盐基之间的反应关系。

中性盐

这一部分的中心思想是**试图建立一个更为全面、完整的化学体系**，通过深入研究和探索物质的性质、组成和变化规律，为化学领域的发展奠定坚实的基础。

《化学基础论》的第三部分详细介绍了与近代化学有关的各种实验操作，以及拉瓦锡在实验中使用的精密仪器。

　　通过介绍这些实验方法和实验仪器，拉瓦锡强调了定量实验在化学研究中的重要性。

现在我们在化学课上做实验已经是家常便饭了。

但是在那个年代，化学研究存在一个问题，即人们更倾向于通过想象来了解事物的本质，而不是通过观察和实验。

　　因此，拉瓦锡致力于通过详细的实验操作和精密的仪器来纠正这一错误。**一切科学研究都不能脱离实际的操作而仅凭想象来完成**，拉瓦锡对实验的重视，正是近代化学突飞猛进的原因之一。

　　小朋友们，你们在探索科学的时候，一定不要忘了实践的重要性！

我们之所以将《化学基础论》称作第一本化学教科书，主要是因为在该书的第三部分中，拉瓦锡不仅介绍了各种实验仪器的构造和原理，还提出了许多精确的实验方法，旨在用定量的方式证明元素的存在和研究物质的变化。

　　这些实验方法为后来的化学研究打下了重要的基础，并且对我们今天所学的化学反应方程式也有着深远的影响。

我们可以看到，拉瓦锡对实验是非常重视的。他自己常常在家做实验，他用的天平可以说是当时最精确的天平，他用于测量密度的比重瓶和现在我们用的也十分相似。

他也常常强调，任何理论都必须有实验的支撑。直到现在，化学家仍会强调，化学是一门实验学科。

总结！

其他人的
实验资料

那么，拉瓦锡的成功是因为他比别人
更会做实验吗？我们之前已经提到，他在
研究过程中重复了其他科学家的实验，他
提出的一些理论在他之前也有别的科学家
提出过。

让我们回过头来，再看看该书的全称——《化学基础论：以一种新的系统秩序容纳了一切现代发现》。

书名表达的内容很明确，拉瓦锡通过重复实验、前人和自己的研究，**归纳总结，跳出固定思维**，得到一种"新的系统秩序"——这才是他最了不起的地方。

科学不仅仅意味着发现，更意味着系统地归纳与总结，建立新的科学逻辑。摒除旧知，创立新说——建立新的科学逻辑，提供研究的方法论，有时候比发现新的物质更重要。

科学的每一次重大突破都是一个人或者极少数人对人类共识的挑战的结果。

新的实验结果催生的新理论往往是突破性的、跳跃式的，不可能从已存共识中推导出来。常规的科学思维是保守的，而革命性的科学思维是破坏性的、不局限于传统逻辑的。

小朋友们，你们在学习的时候、在不断汲取新的知识的时候，一定不要忘记跳出固定思维！

那么，创新的科学思维从何而来？

正确的选题、好的科研方法、抛开功利、深入思考、大胆质疑、科学合作和科学道德，缺一不可。

创新的科学思维

科学合作和科学道德

抛开功利、深入思考、大胆质疑

正确的选题

好的科研方法

后拉瓦锡时代的化学

　　《化学基础论》出版之后，化学领域发生了翻天覆地的变化，一大批科学家相继通过实验推动了近现代化学的发展。

第三次化学革命

　　公元前 400 年前后，古希腊哲学家德谟克利特提出，**原子是物质组成不可分割的基本单位。**

他认为原子都是相同的，它们能组合成不同的形状，当这些不同形状的原子组合"投影"在我们的感官和心灵上时，我们就看到了不同的物质。

到了 1803 年，英国化学家、物理学家道尔顿提出了新的原子论，他认为**不同的元素是由不同的原子组成的**，不同的原子以不同的比例相结合，形成不同的物质。

我们长得不一样。

道尔顿的原子论揭示了各种化学现象之间的内在联系，使人们认识到各种化学现象和化学反应都与原子有关。这一理论奠定了包括化学在内的物质科学的新基础，使人们对化学物质的理解更加深入和全面。

　　道尔顿的原子论成了现代化学的基础之一，它标志着第三次化学革命的到来，对后来的化学研究以及化学的发展产生了深远的影响。

我用这些圆圈符号表示元素。

我用字母符号，更简洁了。

碳 Carbon
氧 Oxygen
硫 Sulphur
磷 Phosphorus

C
O
S
P

　　瑞典化学家贝采利乌斯接受了道尔顿的原子论，并在此基础上进行了更深入的研究。他以氧为标准，测定了 40 多种元素的相对原子质量。

　　通过不同元素之间原子质量的相对大小，贝采利乌斯进一步揭示了化学现象的内在规律，并第一次采用现代元素符号编排了当时已知元素的原子量表。

贝采利乌斯还提出了 "有机化学" 的概念。

当时的人们普遍认为来源于生物的有机物和来源于非生物的无机物是截然不同的两类物质，不能相互转化。贝采利乌斯提出，有机物是在生物体的"生命力"作用下产生的，不能人工合成，这就是著名的"生命力学说"。

　　后来，他的学生维勒通过实验，用含氮元素的无机物成功合成了有机物尿素，这一成果表明有机物和无机物之间的界限并不是绝对的，它们之间可以转化。"生命力学说"因此被推翻。

　　这一发现对当时的化学界产生了巨大的冲击，推动了有机化学的快速发展。

　　在有机化学快速发展的同时，无机化学也没有停下发展的脚步。

　　英国化学家戴维通过电解法，得到了镁、钙、硼等 14 种元素的单质，其中很多元素是他首先发现的，这极大地提高了人们对元素的认识，也让他成为"元素之王"。

后来，戴维的学生法拉第发现了一个有趣的规律：在电解实验中，电极界面上发生化学变化的物质的质量和电量是成正比的。

接着，爱尔兰物理学家斯托尼将流通电的基本单元命名为"电子"。英国物理学家汤姆孙则发现了电子是原子中的一种基本粒子。

进入 20 世纪后，质子和中子也被发现。至此，人们发现，**原子还能拆分为更基本的结构**。

核外电子
质子] 核子
中子

随着时间的推移，科学家发现了越来越多的元素，人们对元素的认识也越来越深入。

1869年，俄国化学家门捷列夫发现了一个重要的规律，那就是元素周期律。他按照相对原子质量，编排出了第一张按照原子的物理化学特性排列的元素周期表。

H = 1

Be = 9,4	Mg= 24
B = 11	Al = 27,4
C = 12	Si = 28
N = 14	P = 31
O = 16	S = 32
F = 19	Cl = 35,5

Li = 7   Na = 23   K = 39

Ca = 40

? = 45

?Er= 56

?Yt= 60

?In = 75,

这张表意义重大，人们可以根据它来预测还没有被发现的元素的存在和主要属性。

例如，门捷列夫就根据这张表预测了镓、锗等元素的存在和性质。他的预测后来都被证实是正确的！

Ti = 50	Zr = 90	? = 180
V = 51	Nb = 94	Ta = 182
Cr = 52	Mo = 96	W = 186
Mn = 55	Rh = 104,4	Pt = 197,4
Fe = 56	Ru = 104,4	Ir = 198
Ni = Co = 59	Pl = 106,6	Os = 199
Cu = 63,4	Ag = 108	Hg = 200
Zn = 65,2	Cd = 112	
? = 68	Ur = 116	Au = 197?
? = 70	Sn = 118	
As = 75	Sb = 122	Bi = 210?
Se = 79,4	Te = 128?	
Br = 80	I = 127	
Rb = 85,4	Cs = 133	Tl = 204
Sr = 87,6	Ba = 137	Pb = 207
Ce = 92		
La = 94		
Di = 95		
Th = 118?		

第四次化学革命

19 世纪末，物理学领域的三大发现——X 射线、放射性和电子——为量子力学的发展奠定了基础。

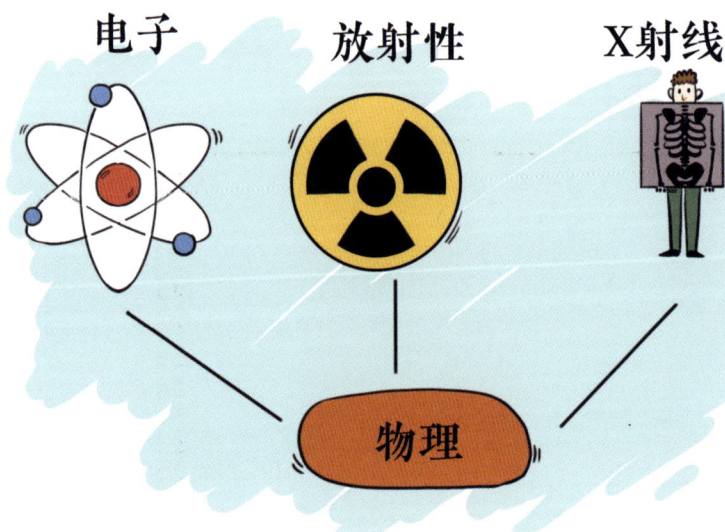

电子　　**放射性**　　**X射线**

物理

量子力学是一个描述微观粒子行为的物理学分支，它对化学领域也产生了深远的影响，引发了第四次化学革命，是现代化学的理论支柱之一。

美国科学家鲍林首先将量子力学理论应用到分子结构的研究中，建立了化学键的新概念。

　　由于物质的化学变化实际上就是化学键的变化——旧键的断裂和新键的生成，这一概念的提出让科学家能够更好地理解分子结构和化学反应的本质，成为现代量子化学学科建立的重要标志。

在过去的 100 年里，化学家接受了一个使命，那就是创造新物质。合成橡胶和合成纤维等新材料不断涌现，并在工业、医疗和日常生活中得到了广泛应用，对现代工业等领域产生了重要影响，让我们的生活变得更加便利和美好。

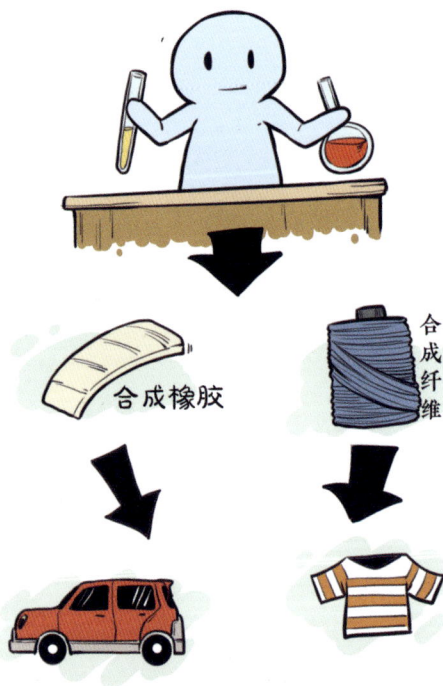

同时，生物化学的发展和绿色化学的兴起也是第四次化学革命的重要方面。

科学家开始更深入地了解生命的本质和生命活动中的化学过程，并致力于设计和开发对环境友好的化学品和生产过程，减少化学物质对环境和人类健康的负面影响。生物化学和绿色化学在药物开发、农业生产和环境保护等方面发挥着重要作用。

第四次
化学革命

我们与化学的明天

化学真的是一门博大精深的学科，甚至可以说是一门中心学科！

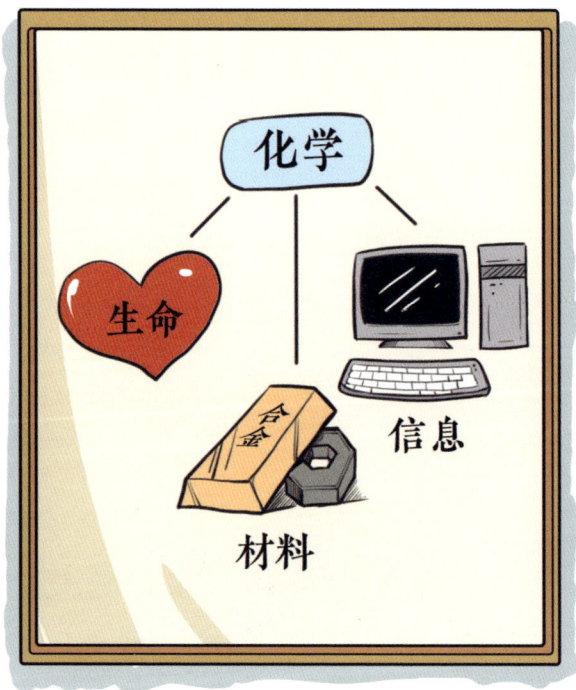

化学经历了从宏观到微观、从静态到动态、从定性到定量的发展历程。现代化学与人们的衣食住行有着密切的关系，也与生命、材料、信息等学科有着紧密联系，它可以跟很多学科交叉，同时也是多个学科的基础。

做化学研究既要充满想象力，也要有做探险者的能力。

生命活动是怎么产生的？大脑为什么会储存记忆？地球之外有没有生命？我们都是碳基生命，是否还存在硅基生命？还有没有新的元素等待被发现？……这些问题都和化学有关，要想回答这些问题，需要一代又一代化学工作者不断努力。

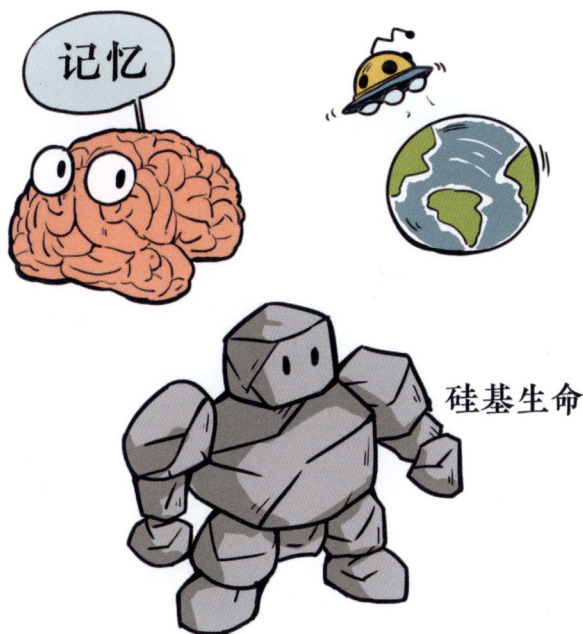

硅基生命

很多人认为化学专业是"天坑专业"，这其实是一种误解。例如，我国芯片技术被"卡脖子"的问题是如何在原子、分子水平操控半导体，解决这一问题就要依靠化学工作者的努力。

人类正常的生命活动、药物的作用、身边随处可见的各种高分子物质等都与化学密不可分，但是化学家大多很谦虚，"只会做事，不会说"。

化学创造的工业革命是沉默无声的，但在拉瓦锡在本子上写下誓言的一刻，在《化学基础论》付印出版的一刻，在化学的火炬于无数科学家手中传递的时刻，科学革命在萌芽、在爆发、在不断地引领时代潮流，并为我们的生活带来了巨大的变化。

有人常常会问，做基础研究究竟有什么用？

我认为基础研究的翅膀一旦与应用的铅砣捆绑就难以高飞。做科研不要总是问"有什么用"，只有先回答好基础问题，才可能让已有的科研成果得到更为广泛的应用。就像圆锥曲线的概念被提出1000多年后，人们才知道能用它来描述天体的运行轨迹。

因此，我始终坚持并倡导"**只问是非，不计利害**"，我也期待着"科学"能成为未来中国重要的文化基因，见证我们梦想的实现！

好奇是人的本能，每个人都有好奇心，但要真正在科学上有所作为，我觉得更重要的是"爱"。**这份爱不是简单的兴趣，而是一种从内心生发的理性思考**。这种爱强烈到你愿意为它付出一切。

小朋友们，如果你们也对化学这个神奇的学科感兴趣，那你们一定要读一读《化学基础论》，穿越200余年的时光，去看看化学曾经的样子。

　　最后，我想用1981年诺贝尔化学奖得主罗阿尔德·霍夫曼的话来结束我的导读，他说：

"化学没有圣杯。我的哲学气质不在于为解答大疑问做研究，而在于在美丽的化学庭院里研究很多小的问题，将目光放在它们之间的关系上。"

化学基础论

化学前身:炼金术

第一次化学革命 ←→ 波义耳:提出元素概念 → 建立化学学科

"燃素说"盛行

出生的时代

第二次化学革命 ← 作者:拉瓦锡

殒命的时代

无机化学

第三次化学革命

有机化学

法国大革命

第四次化学革命 → 量子力学

纠正以往的错误

燃烧释放光和热

氧存在时物质才能燃烧

物质燃烧吸收氧

非金属燃烧后变成酸

质疑

氧化学说

《化学基础论》

成就汇总

明确化学的研究目标

第一张化学元素周期表

质量守恒

章节内容

中性盐的形成

实验器材和实验操作

新的秩序

领读者书系：
科学经典篇
（第一辑）